Stefanie Rainy

Ursula Ritter

Papier falten kinderleicht

W0337043

CHRISTOPHORUS

BRUNNEN-REIHE

SEIT MEHR ALS 30 JAHREN STEHT DER NAME „CHRISTOPHORUS" FÜR KREATIVES UND KÜNSTLERISCHES GESTALTEN IN FREIZEIT UND BERUF. GENAUSO WIE DIESER BAND DER BRUNNEN-REIHE IST JEDES CHRISTOPHORUS-BUCH MIT VIEL SORGFALT ERARBEITET: DAMIT SIE SPASS UND ERFOLG BEIM GESTALTEN HABEN – UND FREUDE AN SCHÖNEN ERGEBNISSEN.

ISBN 3-419-55901-1

2. Auflage 1997

Redaktion: Elke Fox, Freiburg
Styling und Fotos: Peter Nielsen, Umkirch
Reinzeichnungen: Uwe Stohrer, Freiburg
Umschlaggestaltung: Network!, München
Produktion: Print Production, Umkirch
Druck: Freiburger Graphische Betriebe, 1997

CHRISTOPHORUS
Bücher mit Ideen

Inhalt

Papier falten

Papier ist heute allgegenwärtig und selbstverständlich. Papier dient als Schrift- und Bildträger, als Material für Gebrauchsgegenstände, Verpackungen und als Dekoration.
Kaum ein anderes Material läßt sich so vielseitig verwenden und ist so leicht zu bearbeiten wie Papier. Man kann es knicken, falten, rollen, reißen, schneiden, aneinanderkleben ...
Durch Falten von Papier lernen Kinder Flächen in Körper zu verwandeln. Die eindimensionale Fläche wird im Handumdrehen zum dreidimensionalen Objekt.
Papierfalten ist gleichermaßen anregend und entspannend.
In diesem Band stelle ich Ihnen Dinge vor, die sich leicht mit Kindern falten lassen: lustige Figuren, Dekorationen fürs Kinderzimmer, Girlanden, Fensterbilder, Karten und kleine Geschenke. Viele Zeichnungen helfen bei der Gestaltung Schritt für Schritt.

Material

Geeignet ist jedes glatte, biegsame, nicht zu starke Papier, beispielsweise leichtes Tonpapier oder Geschenkpapier. Besonders empfehlenswert sind kreisrunde oder quadratische Faltblätter. Sie werden in unterschiedlichen Größen und in verschiedenen Papierqualitäten angeboten. Die Farbpalette ist breit gefächert. Die Blätter sind unifarben, gemustert oder sogar mit Farbverlauf in Regenbogenfarben zu haben.

Tips

- Auf einer glatten, festen Unterlage arbeiten.
- Möglichst exakt falten.
- Falzkanten mit der Fingerkuppe glattstreichen.
- Festeres Papier für Karten usw. mit Hilfe eines Falzbeins falzen: Lineal an die Faltlinie legen und das Falzbein an der Kante des Lineals entlangführen. Die Oberfläche des Papiers wird so leicht angeritzt, und beim Falten entsteht eine glatte Bruchkante.

Klassische Faltungen

Himmel und Hölle

❶ Die Diagonalen eines Papierquadrates falten (1).

❷ Alle Ecken zur Mitte falten (2 und 3) und die Faltarbeit umdrehen (4).

❸ Die Ecken zur Mitte falten (5 und 6).

❹ Das Quadrat entlang der Mittellinie zusammenklappen (7 und 8).

❺ Mit den Fingerspitzen in die entstandenen vier Öffnungen fahren, Papierspitzen zur Mitte hin führen (9).

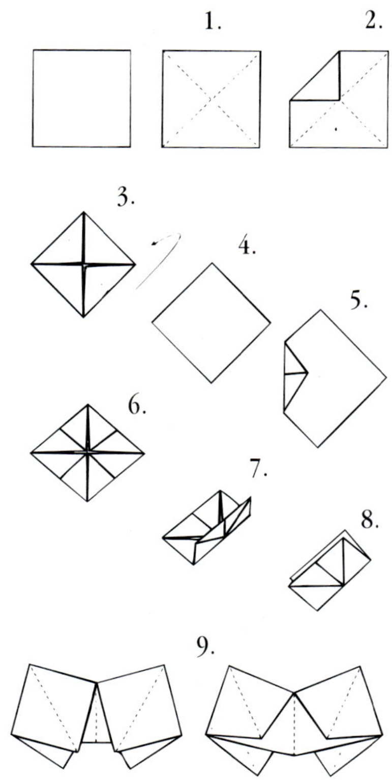

Hexentreppe

1 Einen Papierstreifen über den anderen legen und fixieren.

2 Den unten liegenden Streifen über den oberen falten usw. Die Endstücke fixieren.

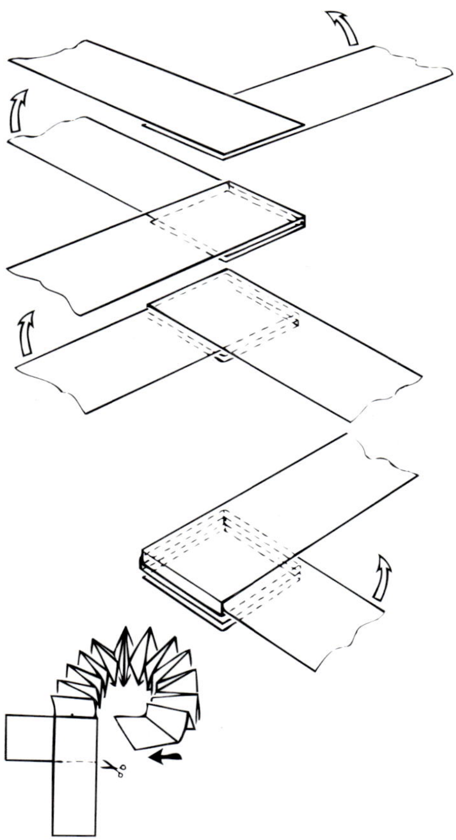

Schachtel

1 Die Diagonalen eines Papierquadrates falten (1).

2 Das Blatt wenden und die Ecken zur Mitte falten (2).

3 Die Arbeit umfalten, bis ein gleichmäßiges Netzgitter entsteht (3 und 4).

5 Die Faltarbeit an zwei gegenüberliegenden Ecken einschneiden (5).

6 Die anderen beiden Ecken der Zeichnung entsprechend einschlagen (6).

7 Die Schachtel zusammenfalten (7 und 8).

8 Die beiden Spitzen innen festkleben.

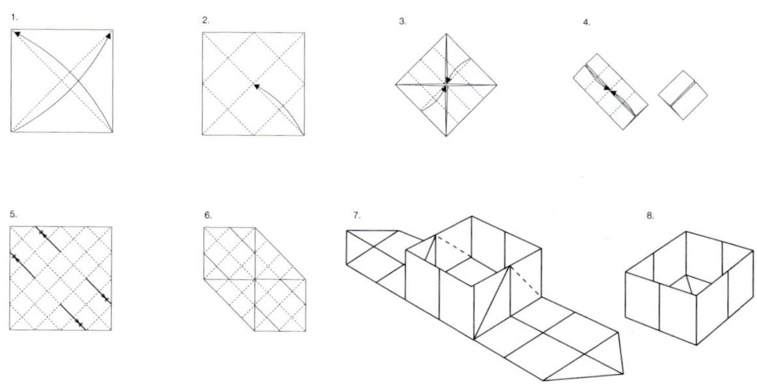

Blumenwiese

Material
- Tonpapier in Rot, Gelb und Grün
- Mikro-Wellpappe in Gelb und Braun
- Kopierpapier in Gelb
- Aufhängefaden

Hilfsmittel
- Bleistift
- Schere
- Klebstoff
- Büroklammer

Vorlage A

Blumen

❶ Für jede Blüte jeweils zwei Papierstreifen, z.B. 34 x 2 cm oder 90 x 2 cm, zu einer „Hexentreppe" falten.

❷ Anfang und Ende der Hexentreppe zum Kreis schließen und mit einer Büroklammer fixieren.

❸ Für das Blüteninnere Kreise von 3 cm Durchmesser aus Mikro-Wellpappe ausschneiden. Auf Vorder- und Rückseite der Blüten kleben.

❹ Für Stiele und Blätter hell- oder dunkelgrüne Tonpapierstreifen von 2 cm Breite zuschneiden.

❺ Stiele in die Blüten einkleben. Papierschlaufen als Blätter an den Stielen befestigen.

❻ Aufhängefäden an den Blüten anbringen.

Schmetterling

❶ Den Körper des Schmetterlings nach der Vorlage auf der glatten Rückseite der braunen Mikro-Wellpappe aufzeichnen und ausschneiden.

❷ Für die Flügel zwei 24 cm lange und 7 cm breite Streifen Kopierpapier zuschneiden.

❸ Quer in einer Faltenbreite von 2 cm ziehharmonikaartig falten.

❹ Wie auf der Vorlage angegeben einschneiden. Eine Schmalseite halbrund abschneiden.

❺ An der geraden Seite zusammennehmen und zusammenkleben, so daß eine fächerartige Form entsteht.

❻ Die Flügel rechts und links an der Rückseite des Körpers fixieren. Aufhängefaden am Kopf befestigen.

Pflanzenstecker

Material

- **quadratische Faltblätter in Hell- und Dunkelgrün (15 x 15 cm), Hell- und Dunkelorange, Gelb, Pink, Lila (4 x 4 cm, 4,5 x 4,5 cm, 8 x 8 cm, 12 x 12 cm, 15 x 15 cm)**
- **Tonpapierreste in Grün**
- **Floristenholzstäbe**

Hilfsmittel

- **Bleistift**
- **Lineal**
- **Schere**
- **Klebstoff**

Vorlage B

Einfache Blüten

❶ Für jede Blüte eine Himmel-und-Hölle-Figur aus einem 14 x 14 cm großen Papierquadrat falten (siehe Seite 4).

❷ Die Blätter entstehen aus einem grünen Papierquadrat (15 x 15 cm): Das Quadrat in der Mitte falten, nochmals in der Mitte falten. Dieses Viertel der ursprünglichen Größe diagonal falten und nochmals halbieren. Der Vorlage entsprechend zuschneiden.

❸ Holzsstab in die Blüte einkleben.

❹ Das Blattwerk und eventuell noch fein eingeschnittene Tonpapierstreifen am Holzstab festkleben.

Blütenrispe

❶ Verschieden große Himmel-und-Hölle-Elemente falten und nach der Größe geordnet aufeinanderkleben. Papiergrößen: 4 x 4 cm, 4,5 x 4,5 cm, 8 x 8 cm, 12 x 12 cm, 15 x 15 cm.

❷ Blätter wie oben beschrieben anfertigen.

❸ Blüte und Blätter auf den Holzstab kleben.

Igelfamilie

Große Igel

❶ Für jeden Igel vier oder fünf Himmel-und-Hölle-Elemente aus braunen Papierquadraten (15 x 15 cm) falten (siehe Seite 4).

❷ Die Elemente erst an jeweils zwei Seitenflächen zusammenkleben und dann so aneinanderfügen, daß sich eine halbkugelähnliche Form ergibt.

❸ Den Kopf nach der Vorlage auf Tonpapier bzw. marmoriertes Papier übertragen und ausschneiden.

❹ Die Form überlappend zusammenkleben.

❺ Weiße und schwarze Klebepunkte als Augen anbringen. Mit dem weißen Lackstift einen Glanzpunkt aufmalen. Einen großen, schwarzen Klebepunkt als Nase tütenförmig aufkleben.

❻ Den Körper an der Kopfform festkleben.

Kleiner Igel

❶ Drei Himmel-und-Hölle-Elemente aus braunem Faltpapier (4 x 4 cm) falten.

❷ Die Elemente aneinanderkleben.

❸ Den Kopf nach der Vorlage ausschneiden.

❹ Augen und Schnauze mit dem Filzstift bzw. Augenpunkte mit dem Lackstift aufmalen.

❺ Den Kopf am Körper festkleben.

Material

- **quadratische Faltblätter in Hell-, Dunkel- und Rotbraun (15 x 15 cm bzw. 4 x 4 cm)**
- **Tonpapier in Grau**
- **marmoriertes Papier in Beige**
- **je zwei Klebepunkte in Schwarz (18 mm ∅), Weiß (12 mm ∅), Schwarz (8 mm ∅)**

Hilfsmittel

- **Bleistift**
- **Lineal**
- **Schere**
- **Filzstift in Schwarz**
- **Lackstift in Weiß**
- **Klebstoff**

Vorlage C

Löwe, Fuchs und Vogel

Material

- gemustertes und einfarbiges Geschenkpapier (20 x 20 cm)
- Tonpapierrest in Gelb
- Rest von Webpelz in Gelb
- Federn in Schwarz und Weiß
- Kreppapier in Braun
- Zwirn in Weiß
- Filzrest in Rot
- je 2 Wackelaugen (12 mm ∅)
- Rest von Biegeplüsch in Braun
- 4 Klebepunkte in Weiß (8 mm ∅)

Hilfsmittel

- Bleistift
- Lineal
- Schere
- Klebstoff

Vorlage D

Für jedes Tier ein Himmel-und-Hölle-Element falten. Immer zwei gegenüberliegende Innenflächen aneinanderkleben, so daß ein Ober- und ein Unterkiefer entsteht.

Fuchs

❶ Aus farblich passendem Papier zwei Ohren ausschneiden, einschneiden und überlappend zusammenkleben. Seitlich am Kopf anbringen.

❷ Die Nase aus Biegeplüsch formen. Vier 6 cm lange Barthaare aus Zwirn zuschneiden und an der Nasenrückseite festkleben. Nase festkleben.

❸ Augen, Zunge aus Filz und Zähne aus weißen Klebepunkten anbringen.

Vogel

❶ Die seitlichen Ecken am Unterkiefer nach innen zur Rückseite hin umschlagen.

❷ Schnabelteile aufkleben.

❸ Wackelaugen und Federn anbringen.

Löwe

❶ Einen braunen Kreppapierstreifen von ca. 60 cm Länge und 4 cm Breite zuschneiden und doppelt legen.

❷ An einer Längsseite ca. 3 cm tief einschneiden, zwischen den Einschnitten einen Abstand von einem halben Zentimeter lassen.

❸ Den Kreppapierstreifen als Mähne um den Kopf kleben.

❹ Die Ohren nach den Vorlagen ausschneiden, einschneiden, überlappend zusammenkleben und am Löwenkopf fixieren.

❺ Die Nase aus Biegeplüsch formen. Vier 6 cm lange Barthaare aus Zwirn zuschneiden und an der Nasenrückseite festkleben. Nase festkleben.

❻ Augen und Zunge aus Filz ankleben.

Frühlingsboten

Material
- **Fotokarton in Gelb**
- **Tonpapierreste in Hellgrün und Braun**
- **zwei kreisrunde Faltblätter in Rot (6 cm ∅)**
- **quadratische Faltblätter in Hellbraun (6 x 6 cm), Blau, Rot, Hell- und Dunkelgrün (7 x 7 cm)**
- **Markierungspunkte in Schwarz (18 mm ∅)**

Hilfsmittel
- **Bleistift**
- **Filzstift in Schwarz**
- **Lackstift in Weiß**
- **Schere**
- **Klebstoff**

Vorlage E

1. Das Trägerelement aus gelbem Fotokarton ausschneiden.

2. Die Blumenstengel aus Tonpapier, die Blätter aus Faltpapier ausschneiden, auf dem Trägerelement anordnen und festkleben.

3. Für die Blüten Papierquadrate, für die Flügel des Schmetterlings zwei Papierkreise diagonal falten (1).

4. In der Mitte falten (2) und wieder öffnen.

5. Die gegenüberliegenden Ecken schräg nach oben falten (3).

6. Die Faltarbeit wenden und die Ecken zur Mittellinie falten (4 u. 5).

7. Bei den Blüten gelbe Streifen (50 x 3 mm) innen festkleben. Die Blüten an den Stielen fixieren.

8. Den Schmetterlingskörper aus braunem Tonpapier ausschneiden und Flügel an der Rückseite festkleben. Mit Filzstift und Lackstift Augen aufmalen.

9. Die Käfer nach der Zeichnung von Seite 16 falten und aufkleben. Halben Klebepunkt als Kopf aufkleben und Fühler aufmalen.

1.

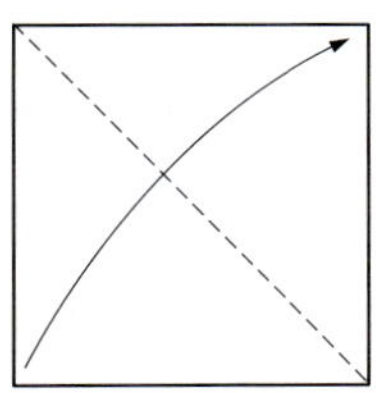

2.

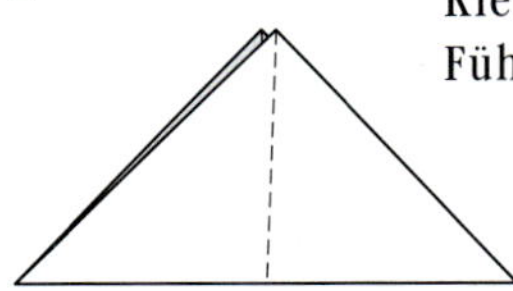

3.

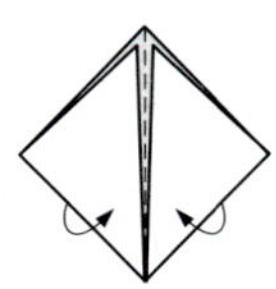

4.

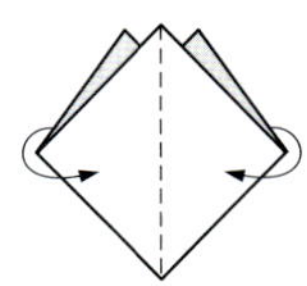

5.

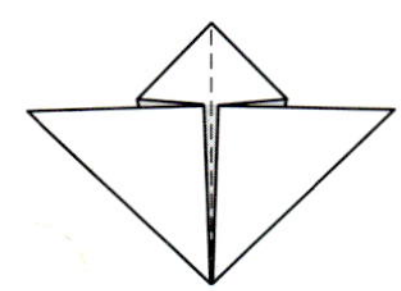

Karten

Material

- **Fotokarton (mit unterschiedlichen Farben auf beiden Seiten) in Gelb-Rot, Blau-Gelb, Grün-Braun**

Glückskäfer:

- **quadratische Faltblätter in Rot, Hell- und Dunkelgrün (10 x 10 cm)**
- **Markierungspunkte in Schwarz (8 mm ∅, 18 mm ∅)**

Karten nach der Vorlage aus Fotokarton ausschneiden, falzen und falten.

Glückskäfer

❶ Papierquadrat diagonal falten (1).

❷ Die spitzen, gegenüberliegenden Ecken nach oben falten (2).

❸ Das entstandene Quadrat diagonal falten und die schraffierte Fläche wegschneiden (3).

❹ Kleine Klebepunkte aufkleben.

❺ Blätter aus grünem Faltpapier ausschneiden, auf die Karte kleben und den Marienkäfer fixieren.

❻ Einen großen Klebepunkt halbieren und als Kopf anbringen. Fühler und Beine mit dem Filzstift aufmalen.

Windmühlen

❶ 75 x 75 mm große Papierquadrate zweimal diagonal falten.

❷ Die Faltlinien 3 cm einschneiden.

❸ Jede zweite Spitze zur Mitte hin falten.

❹ Mit Klebepunkten fixieren.

Farbstifte

❶ Farbstifte aus Tonpapierresten ausschneiden.

❷ Die Holzspitzen aus marmoriertem Papier ausschneiden. Unten wellig schneiden und auf die Farbstifte kleben.

1.

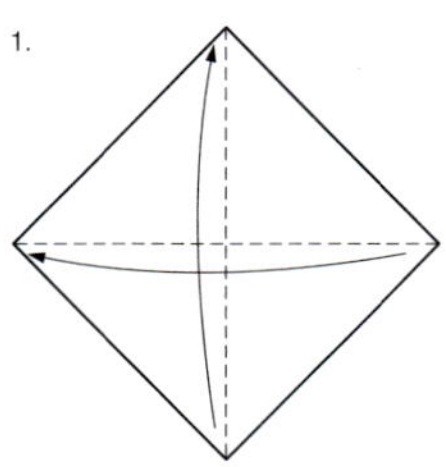

2.

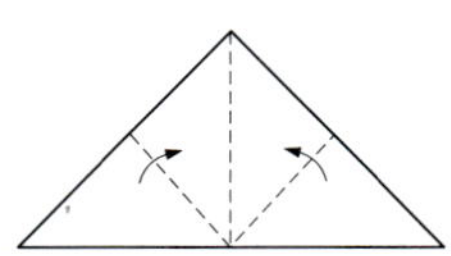

3.

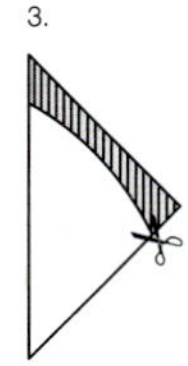

Bleistifte:

- **Tonpapierreste in Rot, Gelb, Rotbraun, Blau und Hellgrün**
- **marmoriertes Papier in Beige**

Hilfsmittel

- **Bleistift**
- **Filzstift in Schwarz**
- **Lineal**
- **Falzbein**
- **Schere**
- **Wellenschere**
- **Bürolocher**
- **Klebstoff**

Vorlage F

Fische:

- **quadratische Faltblätter in Rot, Gelb und Hellgrün**
- **Markierungspunkte in Rot und Grün (18 mm ∅)**

Fische

1 Senkrechte und waagrechte Mittellinien eines Quadrates (z.B. 12 x 12 cm) falten, dann die Diagonalen (1).

2 Das Papier senkrecht und waagrecht zur Mitte falten, bis ein gleichmäßiges Faltennetz entsteht (2).

3 Alle vier Ecken zur Mitte hin legen und wieder öffnen (3). Faltarbeit wenden.

4 Die Ecken wie bei einem Tischtuch zusammendrücken (4).

5 So umlegen, daß eine Windmühle entsteht (5).

6 Einen Flügel der Windmühle wieder öffnen und zur Rückseite umklappen, das ist der Kopf.

7 Faltarbeit umdrehen.

8 Die dem Kopf gegenüberliegende Ecke nach oben klappen und zur Hälfte wieder nach unten (6).

9 Die obere und die untere Ecke zur Schwanzflosse hin umlegen (6).

10 Beim großen Fisch Klebepunkte als Augen anbringen, für die kleinen Fische Augenpunkte mit dem Bürolocher stanzen.

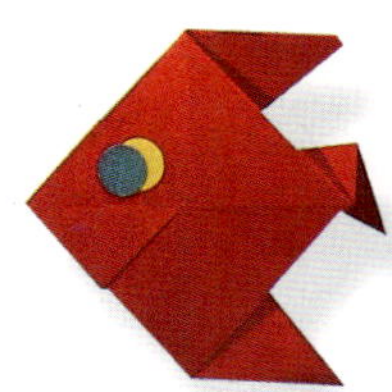

1.

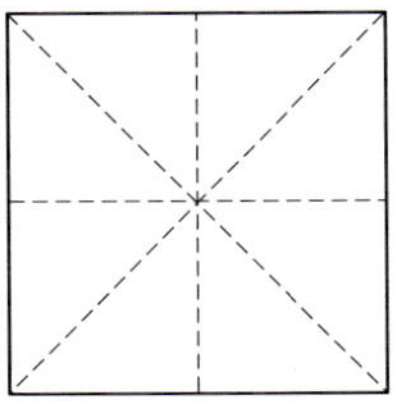

2.

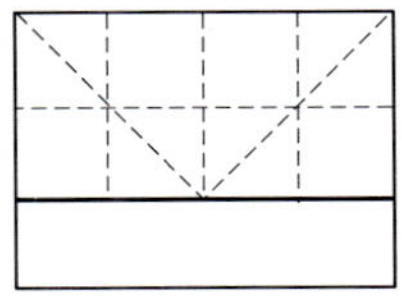

3.

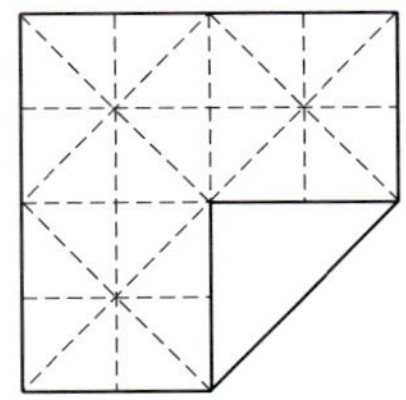

4.

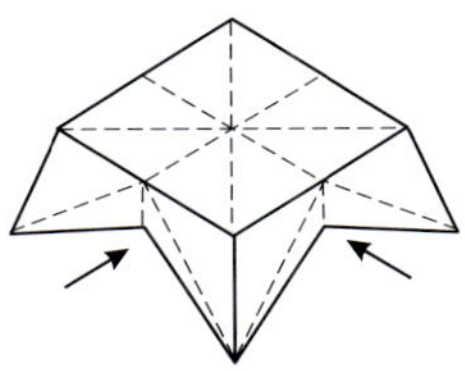

5.

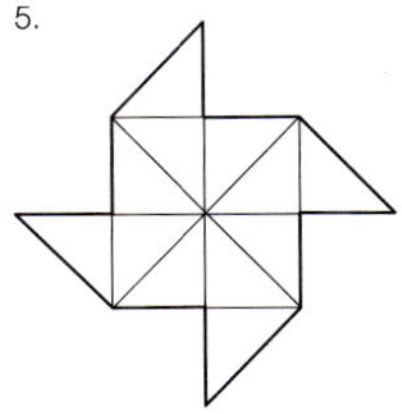

6.

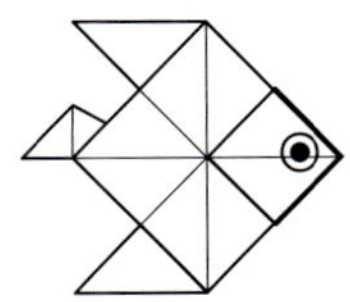

Zauberblüte

❶ Senkrechte und waagrechte Mittellinien eines Papierkreises falten (1).

❷ Die Faltarbeit wenden und diagonal zum Faltenkreuz der Rückseite falten (2).

❸ Die Arbeit wieder wenden und die sich gegenüberliegenden Viertel zur Mitte drücken (3).

❹ Die fertigen Elemente an den seitlichen Kreisvierteln so aneinanderkleben, daß die offene Seite der Faltarbeit einmal außen und einmal innen liegt (4). Große und kleine Elemente wechseln sich ab.

Der fertige Blütenkranz läßt sich um seine Mittelachse drehen.

1.

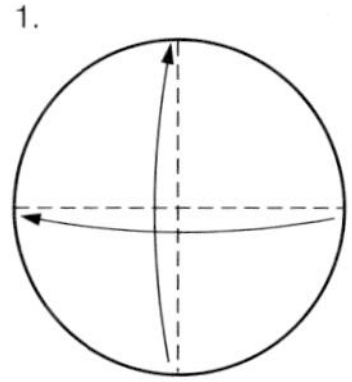

2.

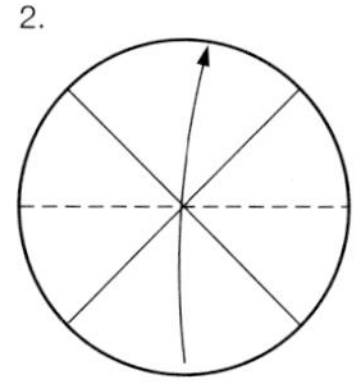

3.

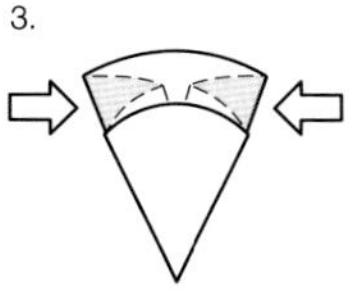

4.

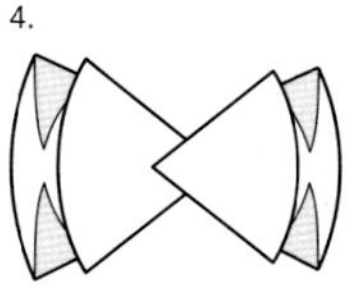

Material

Gelb-braune Blüte:

- **6 kreisrunde Faltblätter (12 cm ∅) in Gelb**
- **6 kreisrunde Faltblätter (10 cm ∅) in Braun**

Bunte Blüte:

- **je 3 kreisrunde Faltblätter (12 cm ∅) in Dunkelblau, Orange, Grün**
- **1 kreisrundes Faltblatt (12 cm ∅) in Gelb**
- **je 3 kreisrunde Faltblätter (10 cm ∅) in Lila, Orange, Hellblau**
- **1 kreisrundes Faltblatt (10 cm ∅) in Rot**

Hilfsmittel

- **Klebstoff**

Bunte Kugeln und Girlanden

Material

Kugeln:

- **kreisrunde Faltblätter (z.B. 6,5 und 10 cm ∅) in verschiedenen Farben**
- **Aufhängefaden**

Girlanden:

- **quadratische Faltblätter in Rot, Gelb, Grün, Blau (10 x 10 cm)**

Hilfsmittel

- **Klebstoff**

Vorlage G

Kugeln

❶ Kreise aus Faltpapier in der Mitte falten und jeweils an den Seiten nacheinander zusammenkleben, bis eine Kugelform entsteht. Am Schluß einen Aufhängefaden miteinfassen.

Girlanden

❶ Eine größere Anzahl von Papierquadraten nach dem Prinzip von Seite 21 (siehe Zeichnung) falten.

❷ Die vordere Spitze nach unten falten (siehe Abbildung und Vorlage).

❸ Die Elemente an den dreieckigen Spitzen aneinanderkleben.

Vorhang und Fensterbanklicht

Material

Vorhang:

- **Karton für Schablonen**
- **Regenbogen-Transparentpapier**
- **Offsetpapier in Weiß, DIN A3**

Fensterbanklicht:

- **Regenbogen-Transparentpapier**
- **Rest von Fotokarton in Gelb**
- **Hälfte einer ovalen Käseschachtel**
- **Aufreihband, z.B. Strickbändchen**

Hilfsmittel

- **Bleistift**
- **Lineal**
- **Falzbein**
- **Schere**
- **kleine Schere**
- **Klebstoff**

Vorlage H

Vorhang

❶ 18 cm breites Regenbogen-Transparentpapier von beliebiger Länge und 16 cm breites, weißes Offsetpapier quer in Streifen von 4 cm Breite ziehharmonikaartig falten. Eventuelle Überstände am Ende des gefalteten Streifen, abschneiden.

❷ Die gefalteten Streifen an einer schmalen Seite halbrund abschneiden.

❸ Am anderen schmalen Ende mit dem Bürolocher zwei nebeneinanderliegende Löcher stanzen: Zuerst den Streifen aus Regenbogen-Transparentpapier lochen. Die Plazierung dieser Löcher auf das Offsetpapier übertragen (anzeichnen) und lochen.

Tip: Den Boden des Bürolochers entfernen, damit man die Lochung kontrollieren kann.

❹ Nach den Vorlagen Schablonen von Teddy und Herz anfertigen, an die Bruchkante des weißen Papierstreifens legen und die Umrisse nachzeichnen.

❺ Motive mit einer kleinen Schere ausschneiden. Ist das Papier zu dick zum Schneiden, die Schablone mehrmals übertragen und ausschneiden.

❻ Beide Papierstreifen aufeinanderlegen und durch die gestanzten Löcher ein Band ziehen.

Fensterbanklicht

❶ Regenbogen-Transparentpapier (10 cm breit) quer in Streifen von 3 cm Breite ziehharmonikaartig falten.

❷ An einer Schmalseite halbrund zuschneiden. An der Bruchkante einen Halbkreis von etwa 2 cm Durchmesser ausschneiden.

❸ An der geraden Seite alle Falten zusammennehmen und nach oben hin fächerartig öffnen.

❹ Die unteren Streifen auf gelben Fotokarton (17 x 6 cm) kleben.

❺ Ovale Käseschachtel hinter den Fächer kleben.

Raupe

Für den Körper der Raupe beliebig viele Elemente aus Papierquadraten herstellen.

1 Die Diagonalen falten (1).

2 Das Blatt wenden, die waagrechte Mittellinie falten (1).

3 Die Endpunkte der waagrechten Mittellinie zur Mitte führen (2).

4 Die spitzen Ecken zur Mittellinie falten (3 und 4).

5 Die Arbeit wenden und auch hier die spitzen Ecken zur Mitte falten (3 und 4).

6 Die Elemente seitlich aneinanderkleben, einmal mit der Öffnung nach oben, einmal nach unten.

7 Den Kopf ausgestalten und aufkleben, die Raupe auf dem Blatt aus Mikro-Wellpappe fixieren.

8 Die Schachteln nach der Zeichnung von Seite 5 falten.

Material

- **quadratische Faltblätter (10 x 10 cm) in Hellgrün, Gelb, Orange, Dunkelblau, Rot, Orange**
- **Rest von Fotokarton in Gelb**
- **2 Wackelaugen (1 cm ∅)**
- **Tonpapier in Dunkelblau, Rot und Gelb**
- **Mikro-Wellpappe in Grün**

Hilfsmittel

- **Bleistift**
- **Schere**
- **Klebstoff**

Vorlage I

1.

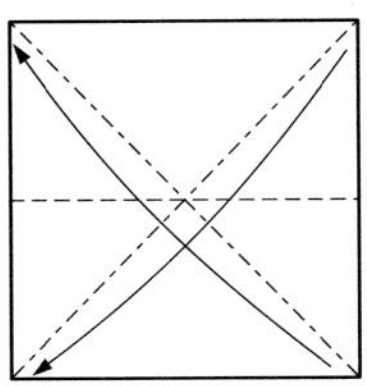

2.

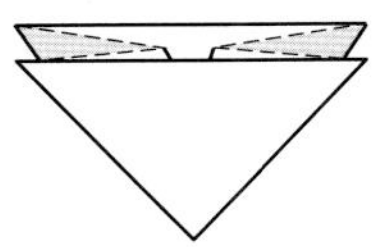

3.

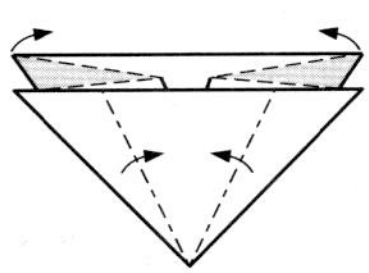

4.

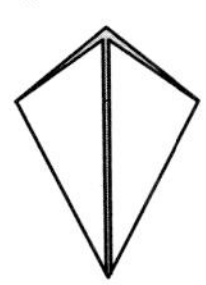

Tischdekoration

Material

Blütenkranz:

- **quadratische Faltblätter (15 x 15 cm) in Grün, Gelb, Orange, Hell- und Dunkelblau, Rot, Lachs**

Pflanzenstecker:

- **quadratische Faltblätter (15 x 15 cm) in Gelb**
- **Rest von Tonpapier in Rot**
- **Floristenstab**

Hilfsmittel

- **Schere**
- **Klebstoff**

Blütenkranz

❶ Die Diagonalen falten (1).

❷ Das Blatt wenden. Waagrechte und senkrechte Mittellinien falten (1).

❸ Die Endpunkte der waagrechten Mittellinie zur Mitte führen (2).

❹ Die spitzen Ecken zum Endpunkt der senkrechten Mittellinie falten. Auf der Rückseite wiederholen (2).

❺ Die Spitzen wieder öffnen.

❻ Alle Spitzen nach innen drücken (3 und 4).

❼ Beliebig viele Elemente seitlich aneinanderkleben, einmal mit der Öffnung nach oben, einmal nach unten.

Pflanzenstecker

❶ Vier Elemente wie oben beschrieben aus gelbem Papier herstellen.

❶ Die Teile seitlich aneinanderkleben. Unten einen Stab einkleben, oben feine Papierstreifen in Rot.

1.

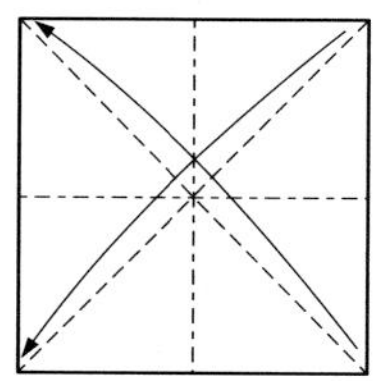

2.

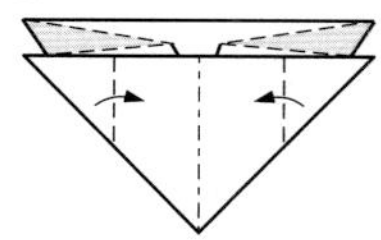

3.

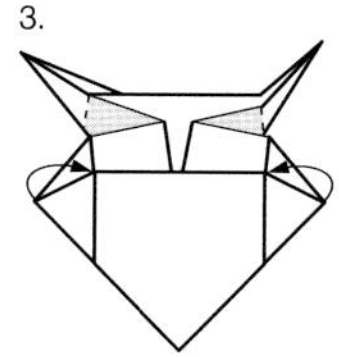

4.

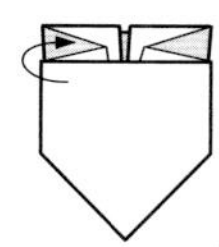

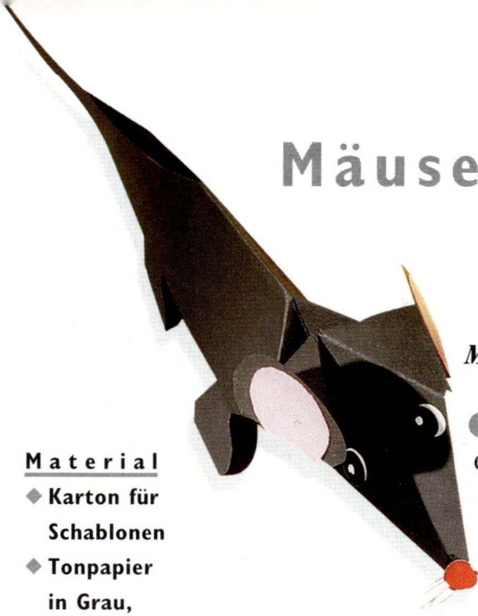

Mäuse

Material
- **Karton für Schablonen**
- **Tonpapier in Grau, Schwarz**
- **Fotokarton in Gelb**
- **Faltpapier in Rosa**
- **Offsetpapier, in Weiß**
- **Markierungspunkte in Weiß, Schwarz und Rot, 8 mm**

Hilfsmittel
- **Bleistift**
- **Schere**
- **Klebstoff**
- **Klebefilm**

Vorlage J

Mäuse

1 Nach Vorlage J 1 eine Kartonschablone anfertigen. Die Faltlinien ebenfalls übertragen, aber nicht falten.

2 Einen Tonpapierstreifen von 28 x 6 cm in der Mitte der Länge nach falten. Die Schablone an der Bruchkante anlegen, die Umrisse übertragen und ausschneiden.

3 Die Faltlinien einzeichnen.

4 Alle vorgegebenen Linien der geschlossenen Maus falten und mit der Fingerkuppe glattstreichen. Die Maus öffnen und, wie in Vorlage J 2 eingezeichnet, die Falze zu Berg- und Talfalten knicken.

5 Die beiden Seiten der Maus im Bereich des Schwanzes aneinanderkleben.

6 Ohren aus rosafarbenem Faltpapier, Barthaare aus weißem Offsetpapier ausschneiden und festkleben.

7 Weiße und schwarze Klebepunkte als Augen anbringen. Für die Nase zwei rote Klebepunkte deckungsgleich aufeinanderkleben.

Käse

1 Das Käsestück aus gelbem Fotokarton ausschneiden und die Mittellinie falzen.

2 Die beiden schräg verlaufenden Seitenkanten von innen mit Klebefilm verbinden.

Neben dieser Auswahl aus der Brunnen-Reihe haben wir noch viele andere Bücher im Programm. Wir informieren Sie gerne - fordern Sie einfach unsere neuen Prospekte an:

- **Bücher für Ihre Kinder:** Basteln, Spielen und Lernen mit Kindern
- **Bücher für Ihre Hobbys:** Stoff und Seidenmalerei, Malen und Zeichnen, Keramik, Floristik
- **Bücher zum textilen Handarbeiten:** Sticken, Häkeln und Patchwork

Wir sind für Sie da, wenn Sie Fragen zu AutorInnen, Anleitungen oder Materialien haben. Und wir interessieren uns für Ihre eigenen Ideen und Anregungen. Faxen, schreiben Sie oder rufen Sie uns an. Wir hören gerne von Ihnen! Ihr Christophorus-Verlag

Hermann-Herder-Str. 4 / 79104 Freiburg i. Breisgau

Christophorus
Bücher mit Ideen

Tel: 0761/2717-268 oder Fax: 0761/2717-352